BEI GRIN MACHT SICH IHR
WISSEN BEZAHLT

- Wir veröffentlichen Ihre Hausarbeit,
  Bachelor- und Masterarbeit

- Ihr eigenes eBook und Buch -
  weltweit in allen wichtigen Shops

- Verdienen Sie an jedem Verkauf

Jetzt bei www.GRIN.com hochladen
und kostenlos publizieren

Bibliografische Information der Deutschen Nationalbibliothek:

Die Deutsche Bibliothek verzeichnet diese Publikation in der Deutschen National-
bibliografie; detaillierte bibliografische Daten sind im Internet über http://dnb.d-
nb.de/ abrufbar.

Impressum:

Copyright © 2019 GRIN Verlag
Druck und Bindung: Books on Demand GmbH, Norderstedt Germany
ISBN: 9783346003546

Dieses Buch bei GRIN:

https://www.grin.com/document/495230

Andree Horch

Historische Wurzeln und Entwicklungswege der Bionik

GRIN Verlag

GRIN - Your knowledge has value

Der GRIN Verlag publiziert seit 1998 wissenschaftliche Arbeiten von Studenten, Hochschullehrern und anderen Akademikern als eBook und gedrucktes Buch. Die Verlagswebsite www.grin.com ist die ideale Plattform zur Veröffentlichung von Hausarbeiten, Abschlussarbeiten, wissenschaftlichen Aufsätzen, Dissertationen und Fachbüchern.

Besuchen Sie uns im Internet:

http://www.grin.com/

http://www.facebook.com/grincom

http://www.twitter.com/grin_com

Inhaltsverzeichnis

Abbildungsverzeichnis

1 Einleitung

Die Evolution brachte laut Schätzungen eine Anzahl von 20 bis 200 Mio. Tier- und Pflanzenarten hervor. Davon sind allerdings nur ca. 2,5 Mio. Arten bekannt. Jede Art hat sich an spezifische Umweltbedingungen durch Mutation, Rekombination und Selektion angepasst. In der Bionik sind biologische Vorbilder Inspiration für neue Innovationen. Dazu bietet die biologische Vielfalt einen riesigen Ideenpool. Generelle Trends sind in der Evolution nicht belegbar. Jedoch entwickelten sich bei einigen Arten gleiche Lösungen, wie bspw. der laminarspindelförmige Körperbau der Schnellschwimmer Hai, Delfin, Pinguin und Schwertfisch.[1] „Solche von der Natur mehrfach gefundenen Lösungen sind als Basis für eine Übertragung in technische Neuerungen besonders attraktiv. Sie haben sich offensichtlich trotz unterschiedlicher Startbedingungen bei gleichen Randbedingungen als stabile, effiziente und zwingende Lösung erwiesen."[2] Tatsächlich hat sich bereits eine große Anzahl bionischer Produkte am Markt etabliert. Immer mehr Unternehmen nutzen Bionik in der Produktentwicklung.[3]

Die Bionik verspricht demnach, Lösungen aus der Natur für verschiedene Arten von Problemen liefern zu können. Welches Spektrum bionischer Forschung und Entwicklung ist erkennbar?

Dieses Assignment soll einen Überblick über die bisherigen Erfolge der Bionik verschaffen. Dazu werden das Prinzip sowie einige historische und gegenwärtige bionische Entwicklungen betrachtet.

Nach der Erläuterung des Begriffs sowie der Vorstellung der Wurzeln der Bionik geht es im Hauptteil um gegenwärtige Entwicklungen. Neben den Entwicklungsfeldern werden ihre Verknüpfungen untereinander beschrieben. Ferner werden praktische Beispiele zu den Entwicklungsfeldern genannt.

---

[1] vgl. Bertling, J., Bionik als Innovationsstrategie, S. 154 f.
[2] Bertling, J., Bionik als Innovationsstrategie, S. 155.
[3] vgl. Niebaum, A. Dr./Seitz, H. Dr., VDI ZRE Publikationen, S. 9.

2 Grundlagen

Für den Begriff existieren verschiedene Definitionen. Hartnäckig hält sich die Ansicht, dass der Begriff „Bionik" ein Kunstwort aus Biologie und Technik ist. „Historisch handelt es sich eigentlich um einen eingedeutschten englischen Begriff; „bionics", eine Sache, bei der es um Lebewesen geht. [...] Doch kann dieser Kunstbegriff stehen bleiben, der so suggestiv ist und im Grunde die Sache ja auch trifft."[4] Bionik wird im englischen mit „biomimetics" (deu. Biomimetik) übersetzt. Weitere Synonyme für Bionik sind „biologisch-inspiriert", „Biomimikry" (engl. biomimicry) und „Biomimese" (engl. biomimese).[5, 6] Biomimetik fasst vor allem werkstoffliche Entwicklungen zusammen; bionics integriert Aspekte von Prothetik und Enhancement (deu. Verbesserung menschlicher Fähigkeiten);[7] Häufig werden die anwendungsbezogenen Biowissenschaften Bionik und Biotechnologie verwechselt. „Unter Biotechnologie versteht man die Nutzung von (genetisch veränderten) Lebewesen (Bakterien, Einzeller, Pilze, Pflanzen, Tiere) oder von bestimmten „Lebensfunktionen" ausübenden (biochemischen) Bestandteilen dieser Lebewesen, wie z.B. Enzymen, für die Produktion gewünschter Stoffe oder den Abbau unerwünschter Substanzen."[8] Die Bionik hingegen benutzt keine lebenden Systeme oder biotisches Material.[9] In der Wissenschaftsdisziplin Bionik „... hilft die Biologie der Technik insofern [...], als sie die Vorbilder der Natur für eine technische Umsetzung analysiert und abstrahiert und dem Ingenieur allgemeine Konstruktionsvorschläge unterbreitet. Diese führen von der biologischen Erkenntnis in die technische Anwendung hinein."[10] Die Erforschung der Natur unter strukturfunktionellen Aspekten ist Aufgabe der Technischen Biologie. Die Bionik setzt die dadurch gewonnen Erkenntnisse in die Technik um.[11] „Als Technische Biologie wird die quantitative Analyse von Form-Struktur-Funktions-Zusammenhängen lebender Organismen mit Hilfe methodischer Ansätze aus Physik, Chemie, Materialwissenschaften und Ingenieurwissenschaften bezeichnet."[12] Das bloße

---

[4] Nachtigall, W./Pohl, G., Bau-Bionik, S. 1.
[5] vgl. Niebaum, A. Dr./Seitz, H. Dr., VDI ZRE Publikationen, S. 14.
[6] vgl. Speck, T./Erb, R., Prozessketten in Natur und Wirtschaft, S. 96.
[7] vgl. Bertling, J., Bionik als Innovationsstrategie, S. 153.
[8] Speck, T./Erb, R., Prozessketten in Natur und Wirtschaft, S. 97 f.
[9] vgl. Grunwald, A., Technikzukünfte, S. 179.
[10] Nachtigall, W., Bionik als Wissenschaft, S. 144.
[11] vgl. Glaeser, G./Nachtigall, W., Evolution biologischer Makrostrukturen, S. 151.
[12] Speck, T./Erb, R., Prozessketten in Natur und Wirtschaft, S. 96.

Kopieren natürlicher Lösungen garantiert keine erfolgversprechenden Ergebnisse. Wichtig ist das Erkennen von Details und Zusammenhängen unter Berücksichtigung der Randbedingungen des natürlichen Vorbildes und in der technischen Umsetzung.[13] Die Wurzeln der Bionik reichen bis in das frühe 16. Jahrhundert zurück. Leonardo da Vinci (1452 - 1519) war als Künstler, Philosoph und Naturwissenschaftler ein Universalgenie sowie einer der ersten Bioniker. Intensiv studierte er den Vogelflug. Aus diesen Erkenntnissen entwarf er mehrere Fluggeräte, Hubschrauber und Fallschirme.[14] „Seine Erkenntnisse daraus überlieferte er 1505 in seinem klassischen Werk „Sul vol degli uccelli" der Nachwelt."[15] In Abbildung 1 ist eine Aufzeichnung zum Vogelflug abgebildet. Bildteil A (links) enthält die aufgezeichnete Beobachtung der Biologie, also der Vogelflügel. Während des Abschlags überlappen sich die Federn des Flügels vollständig (links, oben). Der Vogel stößt sich damit am Luftpolster unter dem Flügel ab. Beim Aufschlag findet eine Durchströmung durch Schlitze zwischen den Federn statt (links, unten). Da Vinci entwickelte daraus ein technisches System von Klappen (Bildteil B). Beim Abschlag werden die Klappen durch den Druck von unten zugedrückt. Es entsteht eine geschlossene Fläche (rechts, oben). Beim Aufschlag öffnen die Klappen und Luft kann durch den Flügel durchströmen (rechts, unten).[16] Der türkische Gelehrte Hezarfen Ahmed Celebi (1609 - 1649) ließ sich von da Vinci's Vogelflug inspirieren. Mit seinem eigens entwickelten Fluggerät flog er 1647 vom Galataturm in Istanbul über den Bosporus nach Uskudar.[17]

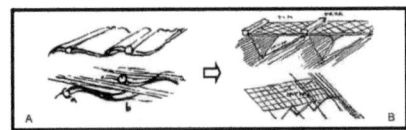

Abbildung 1: Schlagflügel von Leonardo da Vinci[18]

Die englische Seeflotte konnte sich ab dem Jahr 1590 mit der Baker-Galeone[19] gegen die spanischen Schiffe durchsetzen. Die Baker-Galeone besaß eine bessere

---

[13] vgl. Küppers, E. W., Systemische Bionik, S. 3.
[14] vgl. Piccottini, P., Natur als Vorbild, S. 79.
[15] Piccottini, P., Natur als Vorbild, S. 79.
[16] vgl. Nachtigall, W./Wisser, A., Bionik in Beispielen, S. 3.
[17] vgl. Bertling, J., Bionik als Innovationsstrategie, S. 141.
[18] vergleiche Nachtigall, W./Wisser, A., Bionik in Beispielen, S. 3.
[19] Benannt nach dem englischen Schiffsbauer Matthew Baker

Manövrierbarkeit und einen niedrigeren Wasserwiderstand. Baker ließ sich von den Fischen Dorschkopf und Makrelenschwanz inspirieren[20], s. Abbildung 2. Schnell schwimmende Fische besitzen strömungsoptimierte Rümpfe. Diese optimierte Fischform großer Meeresfische (im Bild links) zeichnete Baker in eine damalige Galeone ein und baute die Baker-Galeone mit einem entsprechenden Rumpf (im Bild rechts).[21]

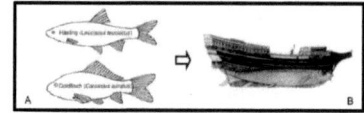

Abbildung 2: Der Unterwasserrumpf der Baker-Galeone[22]

1829 entwickelte der englische Aeronautiker Sir George Cayley (1773 - 1857) ein erstes Fallschirmmodell. Als natürliches Vorbild diente ihm der Wiesenbocksbart, s. Abbildung 3 links. Ein Merkmal einer Diaspore ist der tief liegende Schwerpunkt der Frucht. Diese verhindert ein Umkippen bei Windstößen und sorgt damit für Stabilität. Weiterhin bilden die Hüllblätter eine konvex nach außen gewölbte Fläche. Es entsteht eine tragende Auftriebsfläche. Aus diesen Erkenntnissen baute er einen Fallschirm (im Bild rechts). Der Schwerpunkt war weit unten und die Tuchfläche zog er an den Außenrändern nach oben.[23, 24]

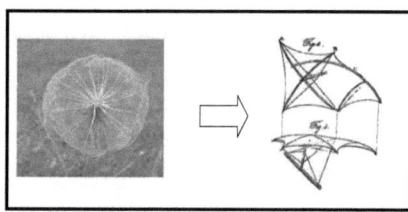

Abbildung 3 Wiesenbocksbart und Konstruktionszeichnung des Cayley-Fallschirms[25]

[20] vgl. Piccottini, P., Natur als Vorbild, S. 79.
[21] vgl. Nachtigall, W./Wisser, A., Bionik in Beispielen, S. 4.
[22] vergleiche Nachtigall, W./Wisser, A., Bionik in Beispielen, S. 4.
[23] vgl. Piccottini, P., Natur als Vorbild, S. 80.
[24] vgl. Nachtigall, W./Wisser, A., Bionik in Beispielen, S. 6.
[25] in Anlehnung an Piccottini, P., Natur als Vorbild, S. 80 f.

3 Bionik in der Gegenwart

Die Bionik ist in der Gegenwart in vielen Bereichen präsent. Im Jahr 2001 entstand bspw. das Bionik-Kompetenznetz BIOKON, das durch das Bundesministerium für Bildung und Forschung (BMBF) gefördert wurde. Die Förderung lief bis 2012 und unterstützte die anwendungsnahe Forschung in der Bionik durch Verbundprojekte von Universitäten mit Industriebeteiligung.[26] „Die unterschiedlichen Forschungs- und Anwendungsfelder der Bionik werden je nach Autor in unterschiedliche Komplexe zusammengefasst."[27]

3.1 Entwicklungsfelder

Werner Nachtigall's vorgeschlagene Einteilung ist weit verbreitet. Er unterteilt in Konstruktions-, Verfahrens-, Informations- und Evolutionsbionik.[28] Im Folgenden wird diese Teilung übernommen und innerhalb der genannten Entwicklungsfelder die Teildisziplinen kurz vorgestellt und mit Beispielen erläutert.

3.1.1 Konstruktionsbionik

Innerhalb dieses Gebietes sind die Teildisziplinen einsortiert, in denen „konstruiert" wird.

Materialien: Während sich die Entwicklung technischer Materialien in der Regel auf wenige Funktionen beschränkt, sind biologische Materialien häufig multifunktional. Ferner unterscheiden sich biologische von technischen Materialien durch das biologische Wachstum. Es findet auch eine ressourcenschonendere Verwendung statt. Weiterhin sind biologische Materialien in der Regel vollständig abbaubar und werden dem natürlichen Stoffkreislauf zugeführt. Die genetisch begrenzte Nutzungsdauer stellt jedoch eine große Herausforderung für technische Produkte dar. Denn diese sollen häufig möglichst langlebig sein.[29]

Ein Beispiel für bionische Materialien sind die selbstschärfenden Zähne von Nagetieren. Die Zähne bestehen aus einem Grundkörper aus weichem Dentin und einem dünnen Zahnschmelz an der Zahnvorderseite. Der Zahnschmelz bildet dabei eine erhabene Schneidkante heraus und schützt so den Verschleiß des Dentins. Zudem bildet sich der Zahnschmelz immer wieder aus. So heilen kleinere Defekte selbstständig an der

---

[26] vgl. Niebaum, A. Dr./Seitz, H. Dr., VDI ZRE Publikationen, S. 11.
[27] Lenzen, M., Bionik/Ingenieurswissenschaften, S. 221.
[28] vgl. Lenzen, M., Bionik/Ingenieurswissenschaften, S. 221.
[29] vgl. Luther, W. Dr./Beismann, H. Dr./Seitz, H. Dr., Nanotechnologie in der Natur, S. 23.

Schneidkante wieder aus. Die Firma Rodentics hat ein bionisches selbstschärfendes Messer nach dem Vorbild der Nagetierzähne entwickelt. Für den Grundkörper wurden konventionelle und pulvermetallurgische Stähle verwendet. Die als Schneide fungierende Schicht entsteht durch einseitige Härtungs- und Beschichtungsprozesse. Als Resultat entstand ein Messer mit einen permanenten Schneidkantenradius von ca. 1 µm, das schockbeständig und dauerhaft scharf ist.[30]

Werkstoffe: Natürliche Werkstoffe vereinen häufig verschiedene Eigenschaften und Funktionen in einem Material.[31] Die materialwissenschaftliche Forschung verfolgt u.a. das Ziel, „... organisch-anorganische Hybridmaterialien mit vergleichbarer Struktur wie in der Natur vorkommende Biomineralien und -keramiken technisch herzustellen."[32]

Ein Beispiel für bionische Werkstoffe sind selbstheilende Werkstoffe. Milchsaftführende Pflanzen wie der Ficus benjamina besitzen die Eigenschaft, eine Beschädigung der äußeren Rinde selbst zu heilen. Dabei tritt Milchsaft an der Schadstelle aus, härtet und stabilisiert diese. In der Technik wurde dieses Prinzip durch die ionische Modifizierung von Nitril-Butadien-Rubber (NBR) umgesetzt. Verwendet wurden Natrium-, Zink- oder Aluminium-Ionen. Bruch-Tests ergaben eine 100-prozentige Wiederherstellung der ursprünglichen mechanischen Kennwerte unter festgelegten Bedingungen: 24-stündige, drucklose Lagerung bei 55°C.[33]

Prothetik: In der bionischen Prothetik wird vollwertiger Ersatz für Glieder und Organe entwickelt. Diese werden in den biologischen Körper integriert und sollen mit seinem Nervensystem interagieren.[34]

Göttinger Wissenschaftler der Förderinitiative "Nationales Netzwerk Computational Neuroscience" entschlüsselten die Gehirnaktivitäten für bestimmte Handbewegungen. Die im Gehirn geplanten Bewegungen werden als elektrische Signale an einem Armstumpf gemessen und drahtlos an einen Computer gesendet und dekodiert. Eine von den Wissenschaftlern entwickelte Prothese erhält die dekodierten Signale und führt die

---

[30] vgl. Bertling, J., Bionik als Innovationsstrategie, S. 177.
[31] vgl. Luther, W. Dr./Beismann, H. Dr./Seitz, H. Dr., Nanotechnologie in der Natur, S. 28.
[32] Luther, W. Dr./Beismann, H. Dr./Seitz, H. Dr., Nanotechnologie in der Natur, S. 28.
[33] vgl. Bertling, J., Bionik als Innovationsstrategie, S. 175 f.
[34] vgl. Lenzen, M., Bionik/Ingenieurswissenschaften, S. 222.

geplanten Bewegungen aus.[35] „Die Nutzer dieser „intelligenten" Prothesen können ihren Arm viel natürlicher bewegen und zum Beispiel mit einem Tennisball auf einer Tischplatte spielen."[36]

Robotik: Die bionische Robotik verfolgt das Ziel künstliche intelligente Systeme zu entwickeln. Dies betrifft nicht nur die kognitiven Fähigkeiten, sondern auch den Roboterkörper.[37] „In der Regel werden einzelne oder mehrere Komponenten eines Roboters bionisch optimiert bzw. hergestellt, wobei ein Robotersystem meist nicht vollständig bionisch konzipiert wird."[38]

Ein Beispiel für bionische Robotik ist der Elefantenrüssel. Er besitzt keine Knochen, sondern besteht aus ca. 40.000 Muskeln. Hierdurch werden eine kontinuierliche Krümmung und eine hohe Beweglichkeit ermöglicht. Außerdem ist der Rüssel sehr nachgiebig. Die Firma Festo entwickelte nach diesem Prinzip einen technischen Elefantenrüssel, der sich in alle Richtungen bewegen kann. Die Bestandteile sind mehrere zusammengesetzte und ineinandergeschobene Einzelmodule, pneumatische Muskeln, eine zentrale Steuerung und dezentrale Antriebsregler. Durch die Nachgiebigkeit ist laut Festo eine sichere Mensch-Maschine-Interaktion in der Produktion möglich. Menschen und Roboter können infolgedessen nebeneinander arbeiten.[39]

Baubionik: Biologische Strukturen liefern zahlreiche Konstruktionsprinzipien für leichte und stabile Strukturen. Zusätzlich inspiriert die Natur mit passiver Kühlung und Heizung. Das sind die Themengebiete der Baubionik.[40] Es wird dabei unterschieden in natur-ähnlich (natur-ähnliche Bau-Skulpturen), natur-analog (Bauweisen mit Analogien zur Natur) und integrativ (bionische Prinzipien als Bestandteile der Architektur).[41]

Seepocken besitzen ein Kalkgehäuse mit beweglichen Platten. Diese Platten nutzen sie zum Schutz vor Feinden, aber auch zum Schutz vor dem Austrocknen. Das Schließprinzip wurde in einem Studentenworkshop an der Universität Melbourne, Australien für eine interaktive Fassade aus mehreren Elementen verwendet. Die

---

[35] vgl. BMBF, Fortschritt durch Forschung und Innovation, S. 32.
[36] BMBF, Fortschritt durch Forschung und Innovation, S. 32.
[37] vgl. Lenzen, M., Bionik/Ingenieurswissenschaften, S. 221.
[38] Niebaum, A. Dr./Seitz, H. Dr., VDI ZRE Publikationen, S. 70.
[39] vgl. Niebaum, A. Dr./Seitz, H. Dr., VDI ZRE Publikationen, S. 71.
[40] vgl. Lenzen, M., Bionik/Ingenieurswissenschaften, S. 222.
[41] vgl. Nachtigall, W./Pohl, G., Bau-Bionik, S. 27.

Fassadenhülle eines Gebäudes besteht aus Modulclustern, wobei ein Cluster aus mehreren Schichten aufgebaut ist. In den Schichten befinden sich gebogene Lamellen, die einzeln geöffnet, geschlossen oder in einem anderen Winkel eingestellt werden können. So lässt sich der Lichteinfall in das Gebäude nach Bedarf steuern. Zusätzlich ist es möglich sowohl den Wärmeeintritt in das Gebäude als auch den Wärmeaustritt aus dem Gebäude zu steuern.[42]

3.1.2 Verfahrensbionik

„Die Verfahrensbionik (auch Prozessbionik) befasst sich mit den in der Natur ablaufenden Verfahren der Umwandlung von Stoffen und ihrer Steuerung."[43] Dazu gehört die Untersuchung der in der Natur ablaufenden chemischen, biologischen oder physikalischen Prozesse, einschließlich der erforderlichen Vorbedingungen.[44]

Energiebionik: „Die Energie-Bionik untersucht die Möglichkeit zur Übertragung der Prinzipien des hoch effizienten Energiehaushalts biologischer Vorbilder in technische Anwendungen."[45] In der Pflanzenwelt wird bspw. Photosynthese betrieben. Zuständig sind dafür Antennenpigmente. In der Pflanze sind diese im Chlorophyll in der Thylakoidmembran. Die Membran ist mit dem Reaktionszentrum verbunden. Eingestrahlte Lichtquanten werden von den Antennenpigmenten absorbiert. Diese Energie wird zum Reaktionszentrum weitergeleitet. An der Uni Regensburg wurde ein bioanaloger Lichtsammelkomplex auf Halbleiterbasis entwickelt. Die Antennen wachsen in einer Lösung und bestehen aus Cadmiumsulfid und einem Caliumselenid-Kern.[46]

Sensorbionik: „Fragen des Monitorings von physikalischen und chemischen Reizen, Ortung und Orientierung in der Umwelt gehören zu diesem Bereich."[47]
Viele Tiere besitzen sogenannte Haarsensoren. Skorpione haben sehr empfindliche Haarsensoren. Damit fühlen sie Hindernisse, Fressfeinde und Beute. Das Prinzip dahinter ist die Verformung der Membran eines sensiblen Neurons durch starre oder verformbare Hebelarme. Technisch umgesetzt wurde es durch kurze künstliche Haare

---

[42] vgl. Nachtigall, W./Pohl, G., Bau-Bionik, S. 206 f.
[43] Lenzen, M., Bionik/Ingenieurswissenschaften, S. 223.
[44] vgl. Lenzen, M., Bionik/Ingenieurswissenschaften, S. 223.
[45] Speck, T./Erb, R., Prozessketten in Natur und Wirtschaft, S. 95.
[46] vgl. Nachtigall, W./Wisser, A., Bionik in Beispielen, S. 197.
[47] Nachtigall, W./Wisser, A., Bionik in Beispielen, S. 156.

aus hochflexiblen Silikonmaterialien. Mit einem solchen Sensor ist bspw. die Abtastung von Wandstrukturen möglich.[48]

3.1.3 Evolutionsbionik

Die Evolution ist charakterisiert durch Mutation, Selektion und Rekombination. Sie selbst strebt keinem Optimum entgegen, ist grundsätzlich ungerichtet. Als Ergebnis der Evolution sind sehr viele Organismen entstanden, die sich über Generationen an veränderte Umweltbedingungen angepasst haben. Bei unveränderten Umweltbedingungen verändern sich die Organismen nur wenig.[49] „Der Evolutionsbionik liegt der Gedanke zugrunde, dass nicht nur die Organismen als Ergebnisse des evolutionären Optimierungsprozesses eine geeignete Inspirationsquelle für Ingenieure sind, sondern auch der Prozess der Evolution selbst."[50]

Organisationsbionik: In Ökosystemen scheinen enorm komplexe Organisationsprozesse störungsfrei und stabil abzulaufen. Organismen verändern sich ständig, passen sich an ihre Umwelt an, nehmen ihre Umwelt wahr und sind zudem von ihrer Umwelt klar getrennt. Diese Organisationsprinzipien sind Inspiration für Prozesse in der Technik, dem Management und der Verwaltung.[51]
Ein Beispiel ist das Konfliktmanagement in einer Affenhorde. Bei den Primaten existieren Versöhnungsrituale. Im Streitfall schwelt ein Konflikt solange weiter bis die Rituale vollzogen werden. Dieses Verhalten lässt sich auch bei Menschen beobachten. Streitbeilegende Worte oder vernünftige Problemlösungen reichen oft nicht aus. Diese und weitere Verhaltensweisen fließen in das Organisationsmanagement ein, beispielsweise für ideale Gruppengrößen.[52]

Evolutionsstrategien: „Evolutionsstrategien dienen der Lösung von Optimierungsproblemen, die sich aufgrund der kombinatorischen Explosion nicht berechnen lassen [...]."[53]

---

[48] vgl. Nachtigall, W./Wisser, A., Bionik in Beispielen, S. 158.
[49] vgl. Niebaum, A. Dr./Seitz, H. Dr., VDI ZRE Publikationen, S. 32.
[50] Lenzen, M., Bionik/Ingenieurswissenschaften, S. 224.
[51] vgl. Lenzen, M., Bionik/Ingenieurswissenschaften, S. 223.
[52] vgl. Nöllke, M., Bakterien, Business und Pfeifhasen, S. 67.
[53] Lenzen, M., Bionik/Ingenieurswissenschaften, S. 224.

Natürliche Flüsse bilden Mäander. Die strömungsoptimierten Mäander reduzieren die Strömungsverluste. Technische Strömungssysteme enthalten häufig 90° Krümmer. Mittels Evolutionsstrategien wurden die Krümmer in Mäander-Form optimiert. Dadurch werden die Strömungsverluste in einem einzigen Krümmer um ca. 20% gesenkt![54]

3.1.4 Informationsbionik

Die Grundlagen der Informationsbionik finden sich in der Neuro- und Sinnesphysiologie. Relevante Aspekte sind die Informationsübertragung über Nervenimpulse, die Zusammenschaltung von vielen verschiedenen Nervenzellen und die Informationsverarbeitung vom Sinnesorgan bis zum Verhalten.[55]

Evolutionäre Algorithmen: „Die Mechanismen der Evolution wie Mutation, Selektion, Rekombination und Variation werden in mathematische, computergestützte Modelle und Algorithmen umgesetzt."[56] In der Informatik wurde schon vor einigen Jahren erkannt, dass nicht jeder zu Hause sein eigener Systemadministrator sein möchte oder einen Systemadministrator beschäftigen will. Daher verfolgen Informatiker die Idee der zielgerichteten automatischen Weiterentwicklung von Algorithmen-Generationen.[57]

Evolutionäre Robotik: Im Teilgebiet der Robotik wird in der evolutionären Robotik das Ziel verfolgt, Roboter zu bauen, die selbstständig agieren. Erreicht werden soll das durch evolutionäre Algorithmen. Die Robotik-Steuersoftware entwickelt sich bei jeder Aufgabe selbstständig weiter. Über kabellose Kommunikationskanäle teilen die Roboter das Gelernte weiter.[58]

3.2 Verknüpfungen zwischen den Entwicklungsfeldern

Zwischen den einzelnen bionischen Disziplinen gibt es Verknüpfungen untereinander. Die folgende Abbildung enthält eine Übersicht der Teildisziplinen aus den vorherigen Abschnitten sowie ausgewählte Verknüpfungen.

---

[54] vgl. Nachtigall, W./Wisser, A., Bionik in Beispielen, S. 226.
[55] vgl. Nachtigall, W./Wisser, A., Bionik in Beispielen, S. 289.
[56] Niebaum, A. Dr./Seitz, H. Dr., VDI ZRE Publikationen, S. 32.
[57] vgl. Fischer, S., Naturinspirierte Verfahren in der Informatik, S. 135.
[58] vgl. Lenzen, M., Informatik, S. 247.

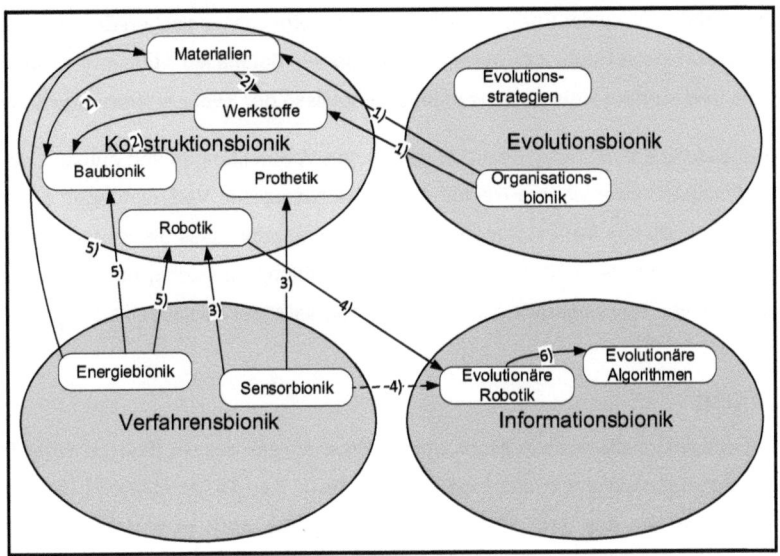

Abbildung 4 Verknüpfungen der einzelnen Teildisziplinen untereinander

Erläuterungen zu den Verknüpfungen in der Abbildung:

1) Die Organisationsbionik unterstützt die Konstruktionsbionik, z.B. in der Entwicklung von selbstheilenden Werkstoffen oder organischer Materialien. Die selbstreparierende Funktion einiger biologischer Vorgänge zählt zur Selbstorganisation.[59]

2) Bionische Materialien finden u.a. in der Baubionik und im Werkstoffbau Verwendung.[60]

3) „Die bionische Prothetik teilt große Bereiche mit der *Sensorbionik,* die Anleihen bei den unterschiedlichen Sinnesorganen der Lebewesen nimmt."[61] Schlussfolgernd teilt die Sensorbionik ihr Wissen mit der Robotik.

4) Die Robotik teilt ihre Erkenntnisse mit ihrer Teildisziplin Evolutionäre Robotik. Indirekt fließen die Erkenntnisse aus der Sensorbionik in die Evolutionäre Robotik ein.

[59] vgl. Küppers, E. W., Systemische Bionik, S. 12.
[60] vgl. Nachtigall, W./Wisser, A., Bionik in Beispielen, S. 70.
[61] Lenzen, M., Bionik/Ingenieurwissenschaften, S. 223.

5) Die Erkenntnisse der Energiebionik fließen in Form von bionischen Energiekonzepten in die Bereiche Baubionik, in (energieautonome) Materialien[62] und in die Robotik.

6) Die Evolutionäre Robotik verwendet Erkenntnisse der Evolutionären Algorithmen.

Die Abbildung enthält beispielhaft die genannten Verknüpfungen und entbehrt damit der Vollständigkeit. Eine weitere Recherche würde zusätzliche Verknüpfungen offenbaren. Aus den ermittelten Verknüpfungen ist jedoch erkennbar, dass die Konstruktionsbionik die Erkenntnisse der Verfahrens- und Evolutionsbionik ausgiebig nutzt. Innerhalb der Teildisziplinen der Konstruktionsbionik findet ebenfalls viel Austausch statt.

4 Fazit

In der Wissenschaftsdisziplin Bionik werden Erkenntnisse aus der Biologie in der Technik angewendet. Die Wurzeln der Bionik reichen bis in das 16. Jahrhundert: Leonardo da Vinci entwarf um das Jahr 1500 mehrere Fluggeräte nach dem Vorbild des Vogels. Gegenwärtig wird Bionik in vier großen Entwicklungsfeldern erforscht und genutzt: Konstruktions-, Verfahrens-, Evolutions- und Informationsbionik. Zur Konstruktionsbionik gehören bspw. bionische Materialien, Werkstoffe, Prothetik, Robotik und die Baubionik. Die Verfahrensbionik enthält die Sensor- und Energiebionik. In die Evolutionsbionik sind u.a. die Organisationsbionik und Evolutionsstrategien einsortiert. Die Informationsbionik enthält bspw. evolutionäre Algorithmen und evolutionäre Robotik. Von den Erkenntnissen aus der Verfahrens- und der Evolutionsbionik profitiert das Entwicklungsfeld Konstruktionsbionik sehr stark.

In diesem Assignment wurden einige Disziplinen vorgestellt und in Entwicklungsfeldern nach Werner Nachtigall gruppiert. Inwiefern diese Unterteilung die bestmögliche Variante ist, kann in weiteren Ausarbeitungen untersucht werden. Weiterhin kann die Liste der Teildisziplinen durch zusätzliche Recherchen erweitert werden. Aus diesen Arbeiten entstehen dann wiederum neue Verknüpfungen zwischen den Disziplinen.

---

[62] vgl. Speck, T./Erb, R., Prozessketten in Natur und Wirtschaft, S. 95.

Literaturverzeichnis

Bertling, Jürgen: Bionik als Innovationsstrategie, hrsg. von Cornelius Herstatt/Katharina Kalogerakis/Marc Schulthess: Innovationen durch Wissenstransfer: Mit Analogien schneller und kreativer Lösungen entwickeln, Wiesbaden 2014, S. 139–182.

BMBF: Fortschritt durch Forschung und Innovation: Bericht zur Umsetzung der Hightech-Strategie, Berlin 2017

Fischer, Stefan: Naturinspirierte Verfahren in der Informatik am Beispiel der Verkehrssteuerung, hrsg. von Klaus-Stephan Otto/Thomas Speck: Darwin meets Business: Evolutionäre und bionische Lösungen für die Wirtschaft, Wiesbaden 2011, S. 135–140.

Glaeser, Georg/Nachtigall, Werner: Die Evolution biologischer Makrostrukturen: Ein Fotoshooting, Berlin, Heidelberg 2018.

Grunwald, Armin: Technikzukünfte als Medium von Zukunftsdebatten und Technikgestaltung. Karlsruher Studien Technik und Kultur Band 6, Karlsruhe 2012.

Küppers, E. W. Udo: Systemische Bionik: Impulse für eine nachhaltige gesellschaftliche Weiterentwicklung. essentials, Wiesbaden 2015.

Lenzen, Manuela: Bionik/Ingenieurswissenschaften, hrsg. von Philipp Sarasin/Marianne Sommer: Evolution: Ein interdisziplinäres Handbuch, Stuttgart/Weimar 2010, S. 219–225.

Lenzen, Manuela: Informatik (Künstliche Intelligenz und Robotik), hrsg. von Philipp Sarasin/Marianne Sommer: Evolution: Ein interdisziplinäres Handbuch, Stuttgart/Weimar 2010, S. 243–251.

Luther, Wolfgang Dr./*Beismann, Heike* Dr./*Seitz, Heike* Dr.: Nanotechnologie in der Natur - Bionik im Betrieb. Aktionslinie Hessen-Nanotech Band 20, Wiesbaden 2011

Nachtigall, Werner: Bionik als Wissenschaft: Erkennen - Abstrahieren - Umsetzen, Berlin, Heidelberg 2010.

Nachtigall, Werner/Pohl, Göran: Bau-Bionik: Natur - Analogien - Technik, 2. aktualisierte und ergänzte Auflage, Berlin/Heidelberg 2013.

Nachtigall, Werner/Wisser, Alfred: Bionik in Beispielen: 250 illustrierte Ansätze, Berlin, Heidelberg 2013.

Niebaum, Anke Dr./*Seitz, Heike* Dr.: VDI ZRE Publikationen: Kurzanalyse Nr. 19: Ressourceneffizienz durch Bionik, Berlin 2017

Nöllke, Matthias: Bakterien, Business und Pfeifhasen – Was Führungskräfte von der Natur lernen können, hrsg. von Klaus-Stephan Otto/Thomas Speck: Darwin meets Business: Evolutionäre und bionische Lösungen für die Wirtschaft, Wiesbaden 2011, S. 63–69.

Piccottini, Peter: Die Natur als Vorbild: Innovieren mit Hilfe der Bionik, hrsg. von Peter Granig/Leo A. Nefiodow: Gesundheitswirtschaft - Wachstumsmotor im 21. Jahrhundert: Mit "gesunden" Innovationen neue Wege aus der Krise gehen, Wiesbaden 2011, S. 77–89.

Speck, Thomas/Erb, Rainer: Prozessketten in Natur und Wirtschaft: Bionik – Interdisziplinarität und Vernetzung als Grundlage für innovative bioinspirierte Materialien und Technologien, hrsg. von Klaus-Stephan Otto/Thomas Speck: Darwin meets Business: Evolutionäre und bionische Lösungen für die Wirtschaft, Wiesbaden 2011, S. 95–112.